Joachim Bonkoungou

Práticas e técnicas agrícolas

Joachim Bonkoungou

Práticas e técnicas agrícolas

Adaptação ao início escalonado da estação das chuvas, comunidade rural de Gbomblora, região sudoeste, Burquina Faso

ScienciaScripts

Imprint

Any brand names and product names mentioned in this book are subject to trademark, brand or patent protection and are trademarks or registered trademarks of their respective holders. The use of brand names, product names, common names, trade names, product descriptions etc. even without a particular marking in this work is in no way to be construed to mean that such names may be regarded as unrestricted in respect of trademark and brand protection legislation and could thus be used by anyone.

Cover image: www.ingimage.com

This book is a translation from the original published under ISBN 978-620-6-72604-3.

Publisher:
Sciencia Scripts
is a trademark of
Dodo Books Indian Ocean Ltd. and OmniScriptum S.R.L publishing group

120 High Road, East Finchley, London, N2 9ED, United Kingdom
Str. Armeneasca 28/1, office 1, Chisinau MD-2012, Republic of Moldova, Europe
Printed at: see last page
ISBN: 978-620-8-29357-4

Práticas e técnicas agrícolas: adaptação ao início escalonado da estação das chuvas, comunidade rural de Gbomblora, região sudoeste, Burkina Faso

BONKOUNGOU Joachim,
Investigador sénior em Geografia, Clima e Ambiente
CNRST/INERA/CREAF Kamboinsé
Burquina Faso

Índice

Introdução

África é o continente mais vulnerável às alterações climáticas (Baiou, 2008). E, no entanto, é apenas um pequeno contribuinte para as emissões de gases com efeito de estufa, uma das principais causas do aquecimento global. O Painel Intergovernamental sobre as Alterações Climáticas (IPCC) prevê que a economia africana será afetada negativamente, mesmo que se aproveitem as oportunidades de desenvolvimento (IPCC, 2014). Isto é particularmente verdade no que respeita à economia verde, uma via essencial para conter o aquecimento global em proporções aceitáveis (Nações Unidas - Redução das Emissões resultantes da Desflorestação e da Degradação das Florestas (UN-REDD), 2015). O Acordo de Paris estabeleceu um limiar de 1,5°C de aquecimento que não deve ser ultrapassado (Convenção-Quadro das Nações Unidas sobre as Alterações Climáticas, 2015).

Esta contribuição deverá aumentar em resultado de práticas e técnicas que favorecem a emissão de metano, um gás com efeito de estufa com um potencial de aquecimento pelo menos vinte e sete (27) vezes superior ao do carbono. (Naqvi & Sejian, 2011). O metano é emitido, entre outras coisas, pela cultura do arroz e pelos incêndios florestais. As cidades africanas, grandes consumidoras de arroz, forçaram o desenvolvimento da cultura do arroz. É o caso, na África Ocidental, do Programa Regional de Apoio à Iniciativa de Irrigação do Sahel, que abrange seis (6) países do Sahel (Tientiga et al., 2024).

A fim de se adaptar de forma sustentável e, ao mesmo tempo, reduzir as emissões de gases com efeito de estufa, o PIAC recomendou e criou mecanismos para ajudar os países de baixo rendimento a planear um desenvolvimento com baixo teor de carbono. Os planos de desenvolvimento já elaborados devem incorporar acções de adaptação e atenuação das alterações climáticas, a fim de serem mais resistentes. Estes planos deveriam ser acompanhados por programas de ação nacionais de adaptação. Estes serão substituídos por planos nacionais de adaptação e contributos determinados a nível nacional (UNFCCC, 2021). Os esforços de atenuação foram intensificados para garantir que o limiar estabelecido pelo Acordo de Paris não seja ultrapassado.

Apesar destes esforços, é provável que as esperanças de limitar o aquecimento global a 1,5°C sejam ultrapassadas, dado o nível atual de 1,3°C. Isto significa que as economias africanas terão de fazer face a extremos climáticos cada vez mais violentos e frequentes. No entanto, a sua economia baseia-se na agricultura, um sector altamente vulnerável (Ouédraogo et al., 2022).

Foi nesta perspetiva que os países africanos se comprometeram a financiar a agricultura até 10% do seu produto interno bruto (PIB) (UE-UA, 2008). Infelizmente, apenas alguns países, incluindo o Burkina Faso, honraram este compromisso. Consequentemente, a agricultura não conseguiu atuar como uma alavanca para as economias nacionais.

Apesar deste investimento, a agricultura do Burkina Faso não se desenvolveu de forma a não depender dos factores climáticos. A produção agrícola nacional depende certamente do aumento da superfície semeada, que não pode ser alargada à vontade (AGRECO, 2006). Os extremos climáticos, nomeadamente as numerosas bolsas de seca e de inundações, reduzem e por vezes anulam os rendimentos (Sultan et al., 2012). As necessidades alimentares são cobertas, nomeadamente, por importações maciças de arroz.

Existem dois tipos de agricultura nos países do Sahel. A agricultura fora de época, uma prática de adaptação às alterações climáticas, é praticada durante a estação seca. A agricultura de sequeiro também é praticada durante a estação das chuvas. Diz respeito a todos os agricultores e a todos os campos (Slimane, 2008). A agricultura fora de época é praticada em torno de pontos de água.

A duração da estação das chuvas diminui com a latitude. As regiões mais a sul são as primeiras a receber os ventos das monções e as últimas a vê-los descer para sul. Por conseguinte, as suas estações chuvosas duram pelo menos seis (6) meses. Por outro lado, as regiões setentrionais são as últimas a receber as chuvas e as primeiras a perdê-las. É por esta razão que a região de Dori tem uma estação das chuvas que não dura mais de três meses. Os ciclos culturais locais foram, por conseguinte, adaptados. Precoce no Norte e tardia no Sul, onde a estação permite duas colheitas para as variedades precoces. O norte não pode permitir-se semear culturas de ciclo longo, pois o tempo de maturação não permite uma boa maturação.

1. Questões e objectivos

A estação de crescimento pode ser dividida em três fases principais: instalação, época alta e fim da estação das chuvas. O fim da estação das chuvas é geralmente curto. Ocorre em setembro ou mais tarde, consoante a zona climática. No Sahel, o mês de setembro marca o fim da estação, com as últimas chuvas úteis a chegarem, no mínimo, em meados de setembro e, no máximo, no final de setembro. No clima sudano-saeliano, o fim da estação ocorre entre o último decaduto de setembro e o primeiro decaduto de outubro. No clima sudanês, o fim da estação ocorre em outubro e, por vezes, em novembro.

O pico da estação das chuvas é em julho e agosto, altura em que cai a maior parte da chuva. agosto é de longe o mês mais húmido. As culturas de cereais amadurecem geralmente no final de agosto/início de setembro, quando a pluviosidade elevada é favorável. Após as últimas chuvas, ocorrem por vezes chuvas fora de época entre novembro e abril. Estas podem causar danos importantes e perdas consideráveis de colheitas.

A estação das chuvas dura geralmente de abril a junho, ou mesmo julho e agosto em anos de fraca pluviosidade. Isto abrange o período de sementeira. De acordo com alguns autores, os agricultores fazem escolhas. As culturas de ciclo são semeadas em primeiro lugar e as culturas precoces em último.

Um dos principais constrangimentos da agricultura de sequeiro é o início da estação das chuvas (Diallo, 2010). A literatura sobre este assunto fala-nos de uma instalação longa e caprichosa que leva a numerosas operações de ressementeira (Bonkoungou, 2007; Hauchart, 2007; Kambiré, 2023; Sultan et al., 2012).. Muitos produtores perdem as suas sementes e dependem da solidariedade de outros para as obter. Não é raro ver sementes a serem semeadas em julho e mesmo no início de agosto, os dois meses mais húmidos para satisfazer as necessidades hídricas das culturas.

1.1. Questões e hipóteses de investigação

A principal questão de investigação é saber qual é a situação no início da estação das chuvas na comuna rural de Gbomblora, situada a cerca de 20 km a sul de Gaoua, a capital da província de Poni e da região sudoeste do Burkina Faso. O objetivo é dar resposta a duas questões secundárias:

- Que práticas e técnicas agrícolas aplicam os agricultores no início do ano agrícola?

- Quais são os principais constrangimentos que enfrentam?

Trata-se de uma situação muito contrastante, em que os agricultores, guiados pelo desejo de assegurar uma alimentação suficiente para as suas famílias, são confrontados com um calendário de sementeira muito preenchido. Para o efeito, recorrem sobretudo ao seu saber-fazer local, que combinam com meios de produção modernos. Para tal, são ajudados pelas políticas de desenvolvimento nacionais e locais, que colocam maior ênfase nas realizações físicas que estão fora do alcance dos agricultores. O reforço das capacidades das famílias de agricultores rurais continua a ser marginal. E, no entanto, é nestas famílias que se concentra a maior parte das actividades agrícolas e é nelas que a tónica deve ser colocada.

1.2. Objectivos e resultados esperados

O objetivo geral deste documento é analisar o início da estação das chuvas na comuna rural de Gbomblora, na região sudoeste do Burkina Faso. Inscreve-se num contexto geral de controlo do início da estação, quando os agricultores têm calendários muito preenchidos. Os objectivos específicos são :

- Analisar as práticas e técnicas implementadas durante a instalação da estação de crescimento e

- Analisar os condicionalismos enfrentados pelos produtores.

O resultado esperado é a redação do presente documento, que compreende três partes essenciais:

- Materiais e métodos;

- Resultados sobre as práticas e técnicas utilizadas ;

- Constrangimentos encontrados.

2. Materiais e métodos

O estudo foi efectuado na comuna rural de Gbomblora, que apresentaremos brevemente a seguir. Está situada na região Sudoeste, que tem quatro províncias. De norte a sul, a província de Ioba, cuja capital é Dano, a província de Bougouriba, cuja capital é Diébougou, a província de Poni, cuja capital provincial é Gaoua, e a província de Noumbiel, cuja capital é Batié. A região faz fronteira a oeste com as regiões de Cascades e Hauts-Bassins, a nordeste com a região Centro-Oeste, a leste com a República do Gana e a sul com a República da Costa do Marfim. A região conta com vinte e oito (28) comunas, das quais quatro (4) são urbanas e vinte e quatro (24) rurais.

2.1. Apresentação do município de Gbomblora

2.1.1. Localização do município

Criada como departamento em 1983 e depois como comuna em 2006, a comuna rural de Gbomblora situa-se na província de Poni, na região sudoeste do Burkina Faso. A cidade principal, Gbomblora, fica a cerca de 20 km de Gaoua, na estrada que conduz a Batié. A comuna tem setenta e sete aldeias. As aldeias visitadas são apresentadas na Figura 1.

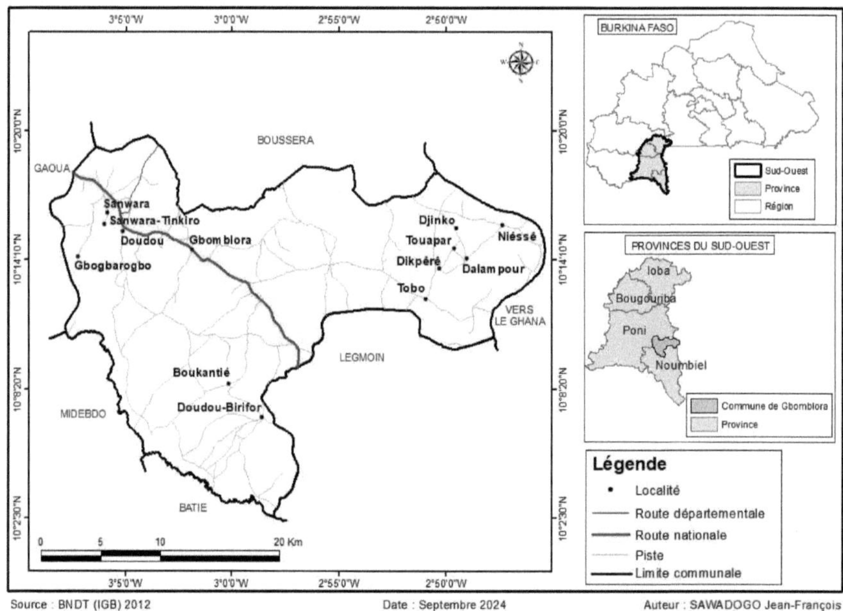

Figura 1 Localização da comuna rural de Gbomblora

A comuna é limitada a norte por Bousséra, a oeste por Gaoua e Midebdo, a sul por Batié e Legmoin e a leste pela República do Gana. O rio Mouhoun constitui a fronteira natural entre os dois países.

2.1.2. Ambiente físico

2.1.2.1. Clima

A região sudoeste do Burkina Faso é uma das mais húmidas do país. Os dados utilizados para caraterizar o clima provêm da estação sinóptica de Gaoua, que apresenta um clima comparável. Trata-se de um clima de tipo sudanês com duas estações, uma estação das chuvas e uma estação seca, cada uma com uma duração de quase seis (6) meses.

A figura 2 mostra a variabilidade interanual da precipitação em Gaoua. Embora a tendência geral seja ascendente, existe uma variabilidade considerável. Os anos muito húmidos registam uma precipitação total de mais de 1 400 mm. Estes foram registados em 1992 e 2019. Outros anos com boa pluviosidade foram 1997-1998, 2000-2001, 2010-2011 e 2015-2016. De um modo geral, dois anos sucessivos registam precipitações superiores à linha de tendência. Estes são seguidos por um ou, por vezes, dois anos com menos precipitação. A linha de tendência mostra picos de pluviosidade, seguidos de períodos de menor pluviosidade. A precipitação mais baixa registou-se em 2006.

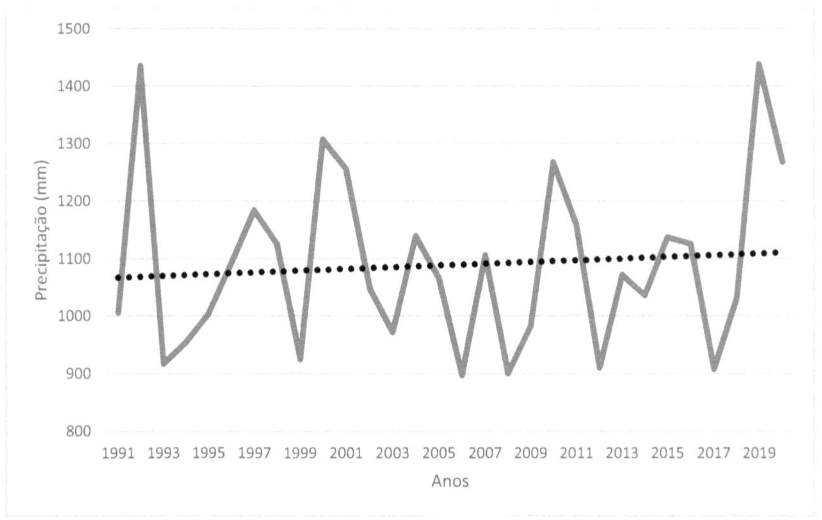

Figura 2 Tendência da precipitação normal 1991-2020, estação sinóptica de Gaoua

A precipitação média anual para esta normal é de 1089,1 mm.

A precipitação anual parece corresponder bem ao número de dias de chuva. No entanto, entre 2010 e 2013, foi registado um grande número de dias. A partir de 2014, este número diminuiu até 2019, altura em que registou um aumento acentuado.

A tendência do número de dias de chuva é ascendente, e maior do que o aumento da precipitação (Figura 3). O maior número de dias foi observado em 2019 (101 dias) e o menor em 1991 (74 dias). O número médio de dias de chuva para o período normal é de 88,6 dias.

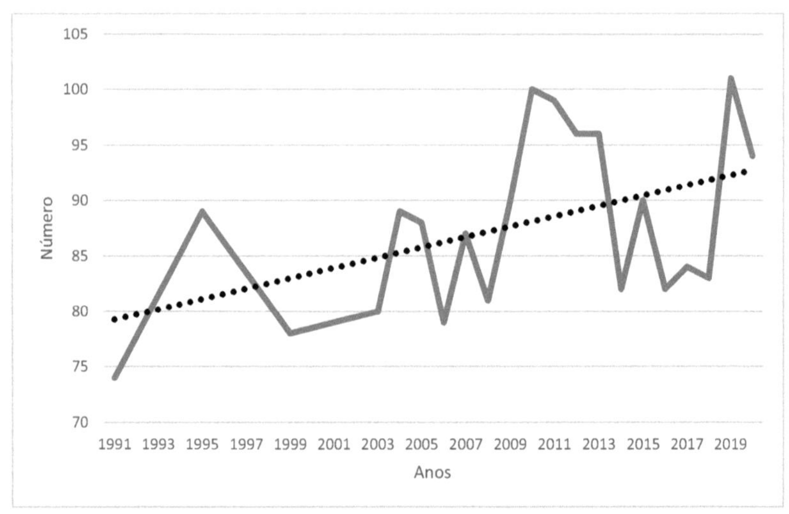

Figura 3 Número de dias de chuva por ano da normal 1991-2020, estação sinóptica de Gaoua

A temperatura média anual mínima é de 21,6°C e a máxima de 34,2°C. Isto indica um ambiente quente (Figura 4).

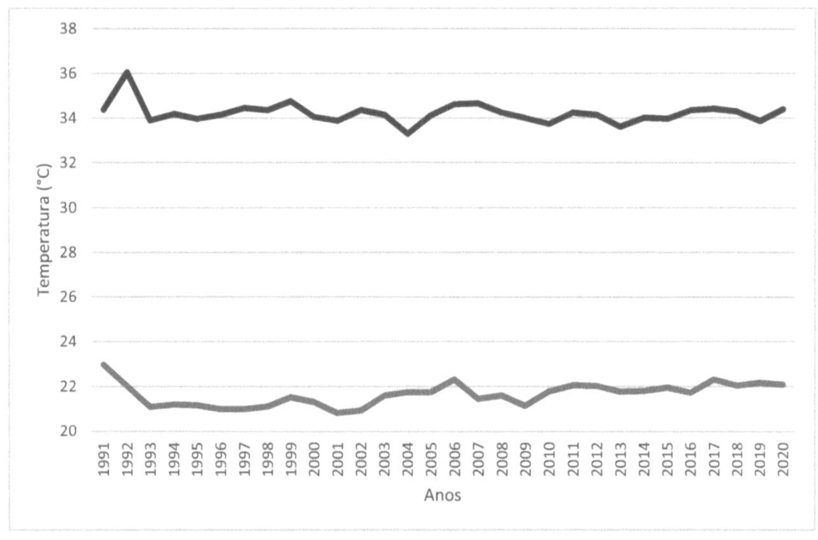

Figura 4 Temperaturas máximas e mínimas da normal 1991-2020, estação sinóptica de Gaoua

As amplitudes térmicas são consequentemente elevadas, mas tendem a diminuir significativamente (Figura 5). 1991 foi um ano especial, pois registou a amplitude mais baixa. Desde 1992, no entanto, estas amplitudes têm vindo a diminuir de forma constante, com uma variabilidade significativa de um ano para o outro.

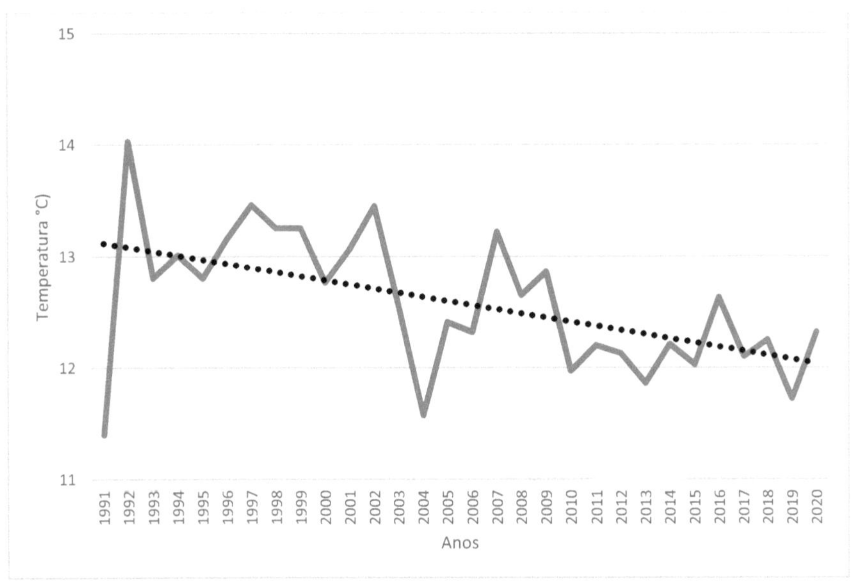

Figura 5 Amplitudes térmicas anuais da normal 1991-2020, estação sinóptica de Gaoua

A amplitude média para o normal é de 12,6°C.

Por outro lado, a velocidade média anual do vento está a aumentar. Isto indica que os ventos estão a tornar-se cada vez mais violentos, com potencial para causar danos materiais e humanos significativos. Esta tendência de aumento deve-se principalmente às velocidades do vento mais elevadas registadas em 1994-1995 e também entre 2008 e 2011. Nos últimos anos, 2012 a 2014, as velocidades foram baixas, mas as médias de 2015 e 2016 foram mais elevadas.

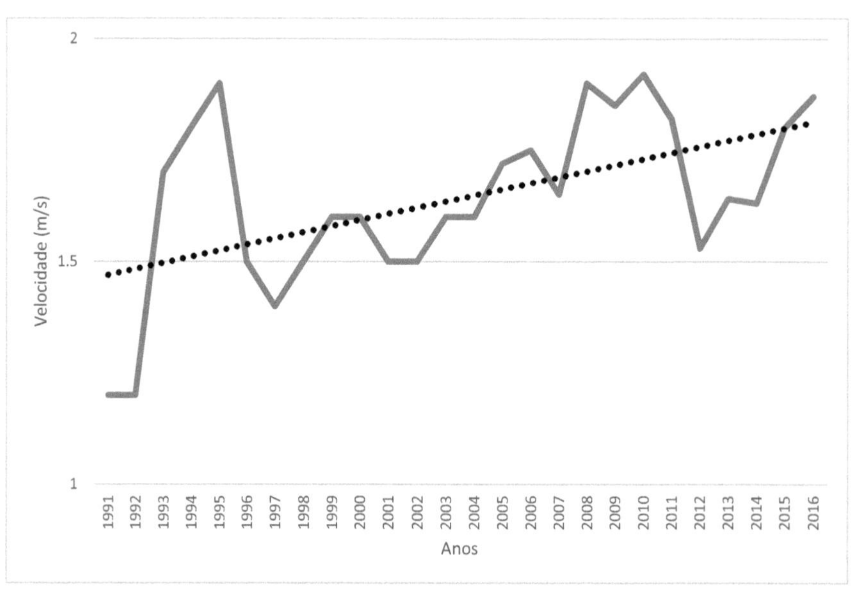

Figura 6 Velocidades médias anuais do vento para a normal 1991-2020, estação sinóptica de Gaoua

O clima de Gaoua e arredores é do tipo sudanês, caracterizado por duas estações secas e uma estação das chuvas. O diagrama umbro-térmico (Figura 7) mostra que, em média, todos os meses receberam a mesma quantidade de água durante o período normal 1991-2020. Estas médias mensais escondem numerosas irregularidades.

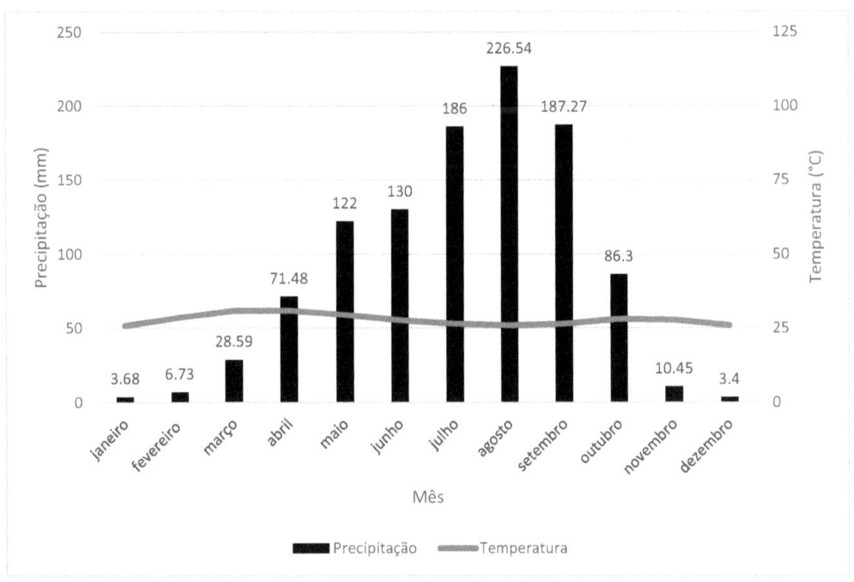

Figura 7 Diagrama umbro-térmico para a normal 1991-2020, estação sinóptica de Gaoua

A estação das chuvas começa de facto quando a precipitação média mensal é superior ou igual à temperatura média mensal. De acordo com a figura 7, decorre de abril a outubro, ou seja, sete meses de estação das chuvas. A estação seca dura apenas cinco (5) meses, de novembro a março. A precipitação modera as temperaturas durante a estação das chuvas. As temperaturas atingem um pico acentuado em março e novamente em novembro. Em dezembro e janeiro, as temperaturas são baixas.

2.1.2.2. *Hidrografia*

A hidrografia organiza-se em torno do rio principal, o Mouhoun, que constitui a fronteira natural entre a comuna e o Gana. Existem também rios intermitentes que fornecem água. Existe um reservatório em Tobo, que é utilizado pelos criadores de gado no final da estação das chuvas. Seca rapidamente. Durante a estação seca, o Mouhoun tem os seus períodos de escassez de água, mas é o local preferido para o abeberamento dos animais.

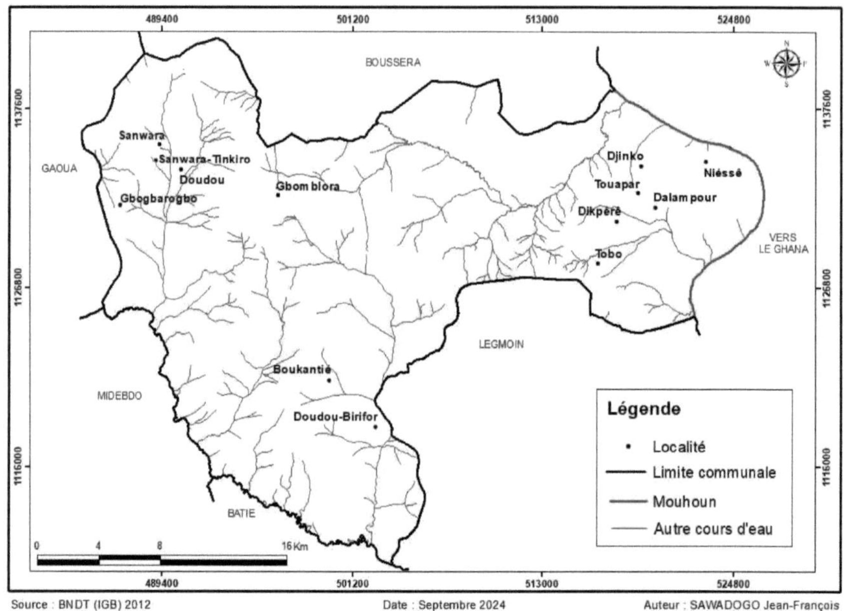

Figura 8 Hidrografia da comuna de Gbomblora

2.1.2.3. Relevo e solos

O relevo é acidentado, sobretudo na parte ocidental. Existem colinas, a mais alta das quais é o Monte Koyo (592 m), e rios que desaguam no Mouhoun. A parte oriental é mais constituída por planícies e zonas baixas, algumas das quais foram urbanizadas.

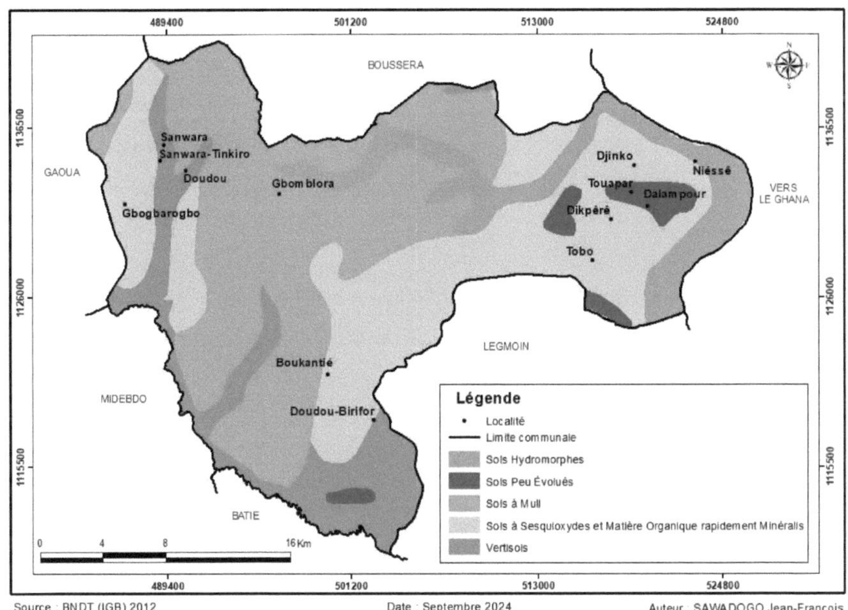

Figura 9 Solo na comuna rural de Gbomblora

Existem cinco tipos de solos na zona de Gbomblora. Estes são :

- Solos hidromórficos situados ao longo do rio Mouhoun e de um dos seus afluentes;

- Solos pouco desenvolvidos em Dalampour e Touapar, a oeste de Dikpéré e a sul de Tobo e Dou-Birifor ;

- Os solos de Mull estendem-se de Gbomblora para sul;

- Solos com sesquióxidos e matéria orgânica rapidamente mineralizada de Djinko via Tobo, Boukantié e Doudou Birifor ;

- Vertissolos nas aldeias de Sanwara, Sanwara-Tintiro, Doudou e nas fronteiras com as comunas vizinhas a leste e Batié.

Quase todos os solos são argilo-arenosos ou argilo-arenosos. No entanto, existem alguns solos cascalhentos, siltosos ou franco-argilosos em pequenas proporções. Estes solos são ricos e favoráveis à agricultura. Vegetação

Devido ao rápido escoamento das águas pluviais, as colinas não podem suportar uma vegetação arbórea densa. Em vez disso, existem apenas savanas arbustivas, onde a cobertura herbácea é extensa e utilizada para a criação de gado. As espécies vegetais dominantes são : *Anona senegalensis, Isoberlina doka, Alzelia africaca, Diospiros mespiliformis, Lannea microcarpa, Acacia senegal, Kaya senegalensis, Detarium microcarpum, Cassia siberiana, Sclerocaria berrea*, etc.

Os cursos dos rios incluem planícies de inundação de baixa altitude onde se desenvolvem florestas rochosas. Existem também árvores de savana. As espécies dominantes são *Vitex doniana, Raphia sudanica, Elaeis guinéensis, Bombax costatum, Ficus sp, Anona senegensis, Cassonia arborea*, etc.

2.1.2.4. *Utilização do solo*

O noroeste e o leste da comuna de Gbomblora são o domínio das savanas arbustivas, sem dúvida devido a uma maior pressão humana. As culturas de sequeiro e as agro-florestas ocupam aqui grandes superfícies. As savanas arborizadas e as florestas de galeria ocupam a parte ocidental da comuna, onde a pressão humana parece ser menor.

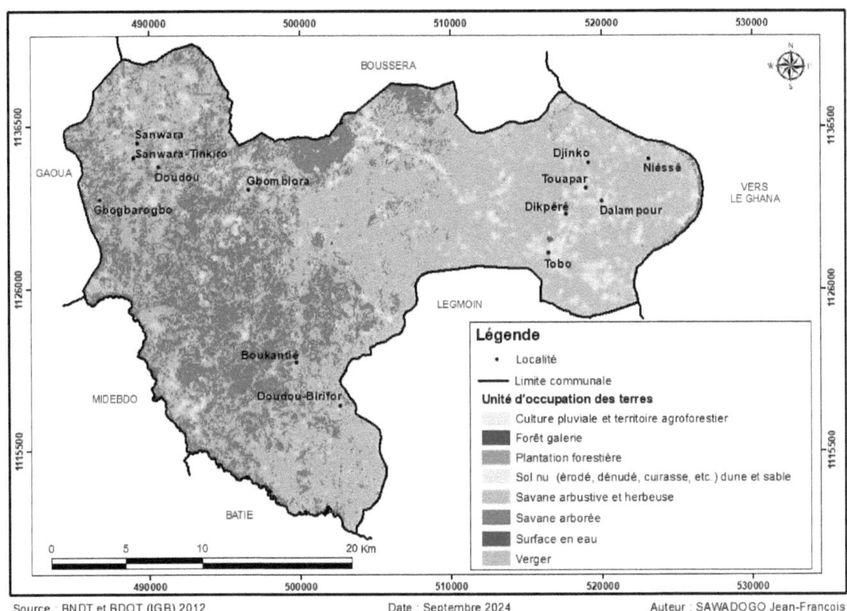

Source : BNDT et BDOT (IGB) 2012   Date : Septembre 2024   Auteur : SAWADOGO Jean-François

Figura 10U tilização do solo

Existem também pomares, nomeadamente de caju, e plantações florestais.

2.1.3. Ambiente humano

2.1.3.1.   Grupos étnicos e movimentos populacionais

As margens esquerda e direita do rio Mouhoun são habitadas por Lobis, Birifor e Dagara. Algumas aldeias são habitadas por agro-pastoris sedentários. Outros grupos étnicos foram atraídos pela prospeção de ouro. A margem do Burkinabè foi povoada por estes povos que vieram do Gana em busca de terras mais férteis. Esta migração continua até aos dias de hoje. Para efeitos de ritos consuetudinários, são frequentes as deslocações ao Gana e à Costa do Marfim.

Estes dois países recebem um grande número de migrantes, sobretudo durante a estação seca. Os jovens ficam aqui para fazer trabalhos sazonais. Regressam aos seus países de origem no início da estação das chuvas.

Cada vez mais, os garimpos de ouro, que são numerosos na comuna de Gbomblora, atraem uma população particularmente jovem. Por conseguinte, muitas crianças abandonam a escola, consomem substâncias ilícitas e dedicam-se à prostituição.

2.1.3.2. *Repartição da população*

No recenseamento geral da população e da habitação (RGPH) de 2006, a comuna rural de Gbomblora tinha 18 793 habitantes, dos quais 52,6% eram mulheres. Em 2019, havia 25.169, e a proporção de mulheres tinha caído acentuadamente para 51,8%. As crianças com menos de 5 anos representavam 14,3% do total, as de 5 a 15 anos 30,4%, as de 15 a 6 anos 50,8% e as de 6 anos ou mais apenas 4,5%.

A densidade populacional era de 44 habitantes por km2. Algumas das aldeias enumeradas são aldeias agrícolas com poucos habitantes. A maior parte da população está concentrada nas aldeias maiores, incluindo a cidade principal.

2.1.3.3. *Religiões praticadas*

O animismo é amplamente praticado, inclusive através de várias iniciações. A passagem à idade adulta é marcada por ritos chamados Boor para os Lobi e Booré para os Dagara. É organizado todos os anos e envolve jovens de, pelo menos, doze (12) anos de idade. Os participantes são recrutados nas suas comunidades do Burkina Faso e do Gana. Outra cerimónia organizada de sete em sete (7) anos é o Djoro. A cerimónia demora doze (12) meses a preparar e três (3) meses a executar.

Para além destas práticas religiosas tradicionais, as relações reveladas são praticadas por populações minoritárias. O cristianismo parece estar bem implantado entre os Dagara. O Islão é praticado por todos os agro-pastores estabelecidos.

2.1.3.4. *Organização administrativa e social*

Um prefeito representava o governo central. Com o advento dos golpes de Estado, as comunas passaram a ser geridas por delegações especiais presididas por prefeitos. Os prefeitos são os presidentes das delegações especiais, em vez dos conselhos municipais eleitos. Cada aldeia reconhecida é representada por um delegado e pelo seu adjunto.

Cada aldeia tem também um chefe de aldeia que gere os fetiches e um chefe de terra que é responsável pela gestão da terra. É este último que efectua todos os ritos e sacrifícios relacionados com a terra. Cada linhagem tem a sua própria terra, gerida pelos homens que têm o direito de a utilizar. As mulheres têm acesso à terra através dos seus maridos. Os jovens trabalham a terra sob o disfarce dos seus pais até que estes decidam dar-lhes plenos direitos. Em seguida, formam agregados familiares separados e dependem pouco dos seus pais. A terra é adquirida por herança. Também se adquire através de ofertas a quem as pede ou através de empréstimos em determinados períodos de tempo. A aquisição por venda ainda não existia.

2.1.4. Actividades socioeconómicas

As actividades socioeconómicas são dominadas pelo sector primário e por algumas actividades mineiras.

2.1.4.1.   Agricultura

As culturas alimentares são a forma dominante de agricultura. É praticada principalmente para alimentar a família e, em segundo lugar, para o mercado. O sorgo, a principal cultura da localidade, representa 56,43% da superfície semeada, o milho 26,88%, o painço 13,08% e o arroz 0,36%. O arroz é cultivado em terras baixas inundadas, algumas das quais foram desenvolvidas. Mas os rendimentos são baixos em geral, exceto no caso do arroz e do milho. O inhame, a batata-doce, o voandzou e o feijão-frade também são cultivados, a maior parte dos quais é consumida pela família. O resto é vendido nos mercados.

Paralelamente a esta agricultura de subsistência, são também praticadas culturas de rendimento. As principais culturas de rendimento cultivadas na comuna são o amendoim, a soja e o algodão. Estas culturas representam 91,33%, 3,77% e 1,88% da superfície, respetivamente. Esta cultura de rendimento mais intensiva beneficia de maiores investimentos. As culturas alimentares, por outro lado, são mais extensivas e o seu crescimento deve-se ao aumento da superfície cultivada.

2.1.4.2.   Reprodução

A criação de gado é igualmente extensiva. É constituída por ovinos, bovinos, caprinos, suínos e aves de capoeira. Ainda existem algumas raças locais resistentes, mas mais bem adaptadas ao clima muito chuvoso da região, onde abundam a pleuropneumonia bovina contagiosa, o carbúnculo, a tripanossomíase e os parasitas. As raças mais produtivas trazidas pelos pastores instalados estão mais expostas.

O serviço departamental não dispõe de pessoal suficiente nem de meios logísticos adequados para cobrir a comuna, que não dispõe de mercados de gado específicos.

2.1.4.3. *Silvicultura e silvicultura*

As colinas são locais privilegiados onde as florestas sagradas das aldeias são protegidas. Algumas destas florestas sagradas estão interditas a estrangeiros, que serão punidos como forma de dissuasão. Nem mesmo os animais dos agro-pecuaristas podem lá entrar. Os recursos naturais são assim preservados.

A comuna tem também grandes áreas de pousio, nomeadamente nas florestas de montanha, que são reservas. Por conseguinte, a população local recolhe e transforma produtos florestais não lenhosos. São instaladas colmeias tradicionais e modernas para a recolha de mel. São organizadas caçadas para matar animais selvagens como lebres, ourébis, duikers e búfalos. As barragens de Gbomblora e Tobo são utilizadas para a criação de peixes e para actividades de pesca tradicionais.

2.1.4.4. *Comércio*

Existem apenas dois mercados na comuna, em Doudou e Tobo. Nem sequer a cidade principal tem um. Estes mercados são frequentados por comerciantes de Gaoua, principalmente de Doudou. Os habitantes das aldeias vizinhas vêm vender produtos agrícolas e comprar produtos manufacturados. O mercado de Tobo é também frequentado por comerciantes do Gana, mas também do município vizinho de Legmoin e mesmo de Batié, onde os mercados são mais concorridos.

2.2. Metodologia do estudo

Foram observadas as seguintes fases metodológicas: análise de documentos, observações diretas no terreno e entrevistas com pessoas-recurso.

2.2.1. Recensão do documentário

As pesquisas na Internet não permitiram obter um grande número de documentos, nomeadamente os relativos ao início da campanha agrícola nesta comuna rural. Ele forneceu-nos o documento do plano de desenvolvimento comunal 2015-2019, que tinha expirado. Foi também utilizada uma tese de doutoramento sobre a geografia da comuna rural de Nako, na província de Poni e na Região Sudoeste. As estatísticas, nomeadamente sobre a população, são fornecidas por um ficheiro amplamente distribuído pelo Instituto Nacional de Estatística e Demografia. Trata-se de dados do último recenseamento geral da população e da habitação de 2019.

2.2.2. Observações no terreno

Foi efectuada uma missão no terreno na comuna em julho de 2024. Esta visitou as aldeias de Doudou, Sanwara, Sanwara-Tintiro, Gbogbarogbo, Gbomblora, Tobo, Dalampour, Dikpéré, Djinko, Niessè, Touapar, Doudou-Birifor e BouKantié. Foram tiradas fotografias para documentar estas observações no terreno.

2.2.3. Entrevistas com pessoas-recurso

Durante a missão, as observações que suscitaram dúvidas foram dirigidas aos agentes especializados do ambiente, dos recursos animais, da agricultura e do departamento fundiário da comuna. O questionário não era muito estruturado e destinava-se a dar respostas a questões específicas.

3. Resultados obtidos

Trata-se principalmente das datas de início da estação das chuvas e das práticas e técnicas utilizadas para adaptar e tirar o máximo partido dos programas aplicados.

3.1.   Datas óptimas de sementeira

A figura 10 mostra três tendências principais. A primeira tendência vai de 1991 a 1997, quando as datas óptimas de sementeira se situam entre meados de abril e o primeiro dia de maio. O segundo período, de 1998 a 2008, registou uma grande variabilidade nas datas de início da estação. As datas óptimas situavam-se logo no início de abril e, em alguns casos, até 25 de maio. Em 1998, observou-se um início muito precoce a 3 de abril e um início tardio em 2002, a 27 de maio. A variabilidade tornou-se mais acentuada em 2008, com um início muito precoce a 3 de abril. Os inícios tornaram-se cada vez mais tardios, com um registo em 2019, a 17 de junho. Os inícios tardios são cada vez mais frequentes, entre o final de maio e meados de junho, durante esta segunda tendência. A tendência geral é ascendente, e os agricultores devem esperar uma elevada variabilidade e datas de sementeira óptimas cada vez mais tardias nos próximos anos.

A figura 10 mostra o início tardio da estação das chuvas. Reflecte o início ideal da estação, quando a sementeira pode ser efectuada em boas condições meteorológicas.

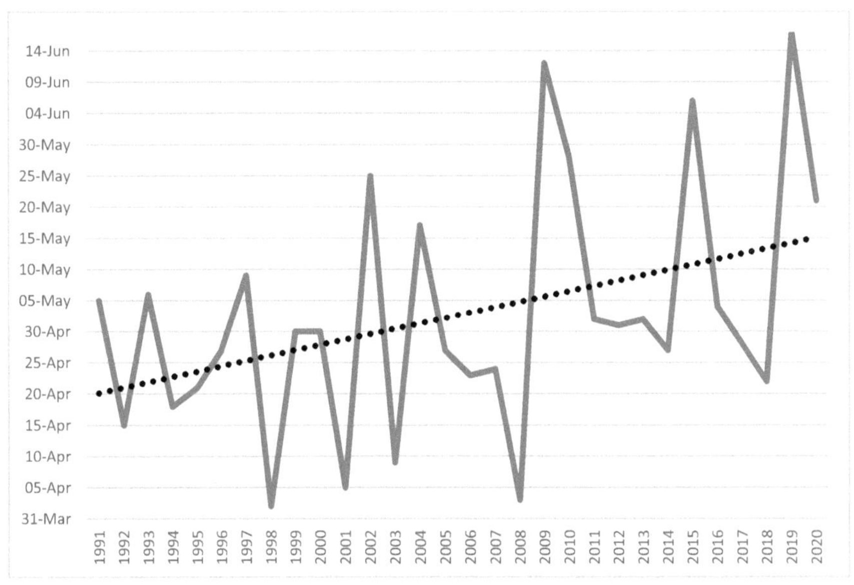

Figura 11 Datas óptimas para o início da estação das chuvas, estação sinóptica de Gaoua

3.2. Precipitação no início da estação das chuvas em 2024

O quadro 1 abaixo mostra a precipitação registada em Gaoua de janeiro a julho de 2004.

Tabela 1 Precipitação diária na estação de Gaoua, província de Poni, região Sudoeste

	janeiro	fevereiro	março	abril	maio	junho	julho
1	0,0	0,0	0,0	0,0	0,0	0,0	0,0
2	0,0	0,0	0,0	0,0	0,0	0,0	0,0
3	0,0	0,0	0,0	0,0	0,0	19,5	20,1
4	0,0	0,0	0,0	0,0	0,0	2,4	0,7
5	0,0	0,0	0,0	0,0	9,6	0,0	0,0
6	0,0	0,0	0,0	0,0	2,6	0,0	2,6
7	0,0	0,0	0,0	0,0	0,0	0,0	5,3
8	0,0	0,0	0,0	2,5	0,0	0,0	2,2
9	0,0	0,0	0,0	0,0	0,0	35,6	16,8
10	0,0	0,0	0,0	0,0	0,0	36,8	0,0
11	0,0	0,0	0,0	0,0	0,0	0,0	0,0
12	0,0	0,0	0,0	0,0	9,2	5,0	23,5
13	0,0	0,0	0,0	0,0	5,4	0,0	0,0
14	0,0	0,0	0,0	0,0	0,0	0,0	0,0
15	0,0	0,0	0,0	0,0	0,0	0,0	0,0
16	0,0	0,0	0,0	0,0	7,4	5,2	0,0
17	0,0	0,0	0,0	0,0	0,0	0,0	36,4
18	0,0	0,0	0,0	0,0	0,0	0,0	0,0
19	0,0	0,0	0,0	0,0	0,0	2,3	0,0
20	0,0	0,0	0,0	0,0	0,0	0,0	0,6
21	0,0	0,0	0,0	0,0	0,0	2,3	0,0
22	0,0	0,0	0,0	0,0	0,0	0,0	0,0
23	0,0	0,0	0,0	0,0	0,0	0,0	0,3
24	0,0	0,0	0,0	0,8	0,0	0,0	0,0
25	0,0	0,0	0,0	0,0	0,0	0,0	0,0
26	0,0	0,0	0,0	0,0	0,0	0,0	0,0
27	0,0	0,0	0,0	27,8	0,0	0,0	0,7
28	0,0	0,0	0,0	0,0	0,0	0,0	4,7
29	0,0		0,0	0,0	9,3	22,7	27,3
30	0,0		0,0	0,0	0,0	0,0	0,0
31	0,0		0,0		0,0		0,0

Para o ano de 2024, os três primeiros meses de janeiro, fevereiro e abril não receberam qualquer precipitação. Uma primeira precipitação de 2,5 mm caiu a 8 de abril, seguida de uma precipitação mais substancial de 27,8 mm a 27 de abril. Passaram-se sete (7) dias e, nos dias 5 e 5 de maio, caíram sucessivamente 9,6 e 2,6 mm de água. Durante todo o mês de maio, a precipitação registada foi de apenas 10 mm. Esta chuva fraca foi mais favorável às ervas daninhas. No início de junho, registaram-se três (3) chuvas fortes, duas das quais caíram sucessivamente nos dias 9 e 10, e uma outra no dia 25. Durante o mês de julho, as chuvas sucessivas tornaram-se mais frequentes, do dia 6 ao dia 9 e nos dias 29, 30 e 31 de julho.

O número de dias de chuva aumentou de zero (0) em janeiro a março, para 3, 6, 9 e 12 em abril, maio, junho e julho, respetivamente.

Os totais mensais de precipitação são apresentados na Figura 12 abaixo.

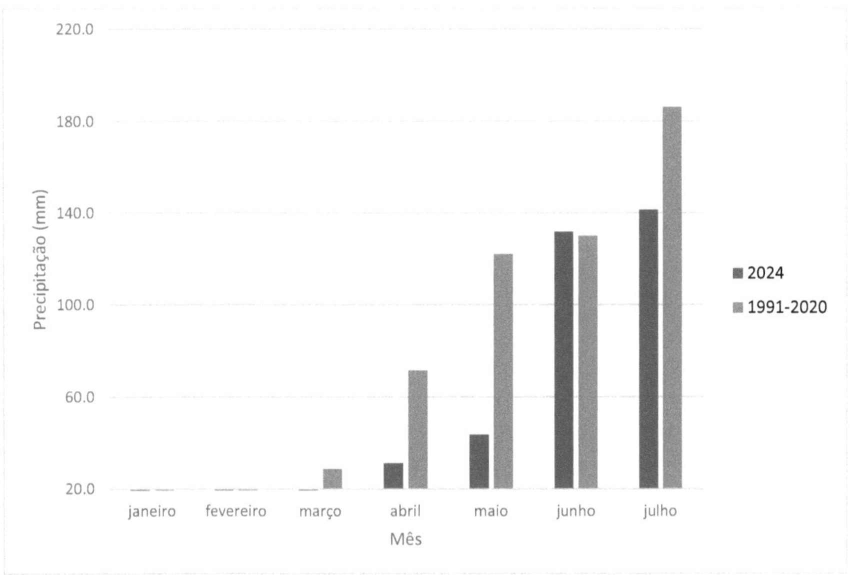

Figura 12T otais mensais de precipitação em Gaoua em 2024 e a normal 1991-2020

Em abril de 2024, caíram 31,1 mm de precipitação, contra 43,5 mm em maio, 131,8 mm em junho e 141,2 mm em julho. Em relação à normal 1991-2020, os meses de janeiro e fevereiro registaram precipitações próximas de zero (0). Com exceção de junho, que recebeu menos precipitação total, os meses de março a maio apresentaram défices muito superiores aos de julho. Consequentemente, registou-se um défice de precipitação em 2024.

O pico será certamente atingido em agosto, antes do final da estação em setembro. Que técnicas e práticas são utilizadas pelos agricultores da comuna de Gbomblora?

3.3.   Práticas e técnicas observadas

Estas observações foram efectuadas em julho de 2024. Pode presumir-se que a data óptima de sementeira já passou nesta altura. As práticas e técnicas observadas são descritas a seguir

3.3.1. Controlo de ervas daninhas

Como já foi referido, em qualquer mês pode chover. Grande parte desta chuva cai fora de época e é frequentemente designada por chuva de manga. Isto deve-se ao facto de cair pouco antes do amadurecimento das primeiras mangas, ajudando-as a amadurecer corretamente. À volta das concessões, o solo está coberto de erva, que é frequentemente alta. Este facto explica a utilização de herbicidas.

Fotografia 1 Erva alta a invadir os campos de cabanas

3.3.1.1. *Utilização de herbicidas e/ou pesticidas*

De acordo com o responsável pela agricultura, trata-se de produtos químicos que, na sua maioria, constam da lista aprovada publicada pelo Ministério da Agricultura. No entanto, a proximidade da fronteira com o Gana permite o contrabando de outros produtos proibidos. Mas ele lamenta as adaptações feitas por alguns deles à utilização de produtos aprovados.

Fotografia 2 Dois agricultores a pulverizar um herbicida sem qualquer proteção

No campo, os agricultores desprotegidos estão a espalhar herbicidas. Inalam-nos naturalmente, expondo-se a doenças.

Para secar mais rapidamente as ervas, alguns agricultores excedem as doses prescritas. E para garantir que a dose utilizada será eficaz para secar rapidamente as ervas daninhas, alguns agricultores chegam ao ponto de testar a dose na língua. O resultado no campo é a secagem total ou parcial das ervas daninhas nas zonas pulverizadas.

Fotografia 3 Erva seca num campo

Estas ervas secas são enterradas após a lavoura ou aquando da construção de montículos. Estas práticas e técnicas são utilizadas principalmente nos campos das cabanas, onde as primeiras chuvas e os resíduos domésticos favorecem o desenvolvimento das ervas daninhas. Nos campos mais afastados, são efectuados trabalhos preparatórios.

3.3.1.2. *Os trabalhos preparatórios*

Foram encontradas várias situações: limpeza de terrenos, campos com preparação mínima, lavoura e amontoa.

- Limpeza de terrenos

Na comuna rural de Gbomblora, existem reservas de terra, incluindo antigos pousios, que estão a ser limpos para serem transformados em campos. As espécies utilitárias como *Vitelaria paradoxum, Lannea microcarpa e Detarium sp.* são preservadas. As outras são cortadas para que muitas delas não morram. Os troncos podem ser vistos espalhados pelo campo. Estas árvores voltam a crescer durante o período seco e precisam de ser limpas antes da sementeira, para evitar que a sombra reduza o rendimento das culturas. Estes são parques agro-florestais onde as árvores enriquecem o solo e protegem-no da erosão hídrica. As suas raízes continuam a proteger o solo.

Fotografia 4 Limpeza do antigo pousio

Os terrenos destes antigos pousios foram reconstituídos naturalmente. Trata-se de solos ricos, onde as plantas são semeadas sem qualquer desenvolvimento posterior. As ervas daninhas também se desenvolvem aqui, competindo com as culturas pela água e pelos nutrientes. A lavoura e outras operações de monda eliminam-nas em grande número.

- Antigos campos não urbanizados

Em muitas situações, as sementes são semeadas diretamente sem qualquer preparação. Isto é feito em campos antigos e em novas clareiras.

Fotografia 5 Semeadura num campo de planície com pouca gestão

Neste campo de planície, apenas foi espalhado estrume imediatamente antes da sementeira. Este campo suporta várias culturas. Há plantas de feijão-frade e milho mais à frente. A posição baixa do campo torna-o vulnerável a inundações. Quanto mais perto se chega do leito do rio, mais espécies que exigem água e que podem suportar inundações de curta duração são semeadas, como o milho. É este o caso do milho. As espécies que são mais vulneráveis às inundações, como o feijão-frade, são semeadas mais acima no leito do rio principal.

- Montes escalonados ou em linha

Na foto 5, os montes foram plantados em filas escalonadas. Devido à elevada pluviosidade, foram criados sulcos entre os montes para escoar a água da chuva. Esta prática evita que as culturas se sufoquem, especialmente durante chuvas excepcionais, o que resulta em fracos rendimentos. As plântulas são também semeadas no cimo do monte. A inundação só é possível quando todo o campo fica submerso na água, durante chuvas excecionalmente fortes.

Fotografia 6 Montes que suportam várias culturas

A montagem dos montes é um trabalho árduo. É fácil ver que uma parte do campo não tem montículos. Os montes são feitos de forma tradicional, utilizando ferramentas rudimentares como a daba.

Estes montes escalonados também suportam campos de inhame. Nestes montes é plantada madeira seca, que as plantas de inhame utilizam para trepar. O monte permite o crescimento da vagem do inhame. Quando estas vagens se tornam grandes, os montes racham.

Os montes também são feitos em filas (Foto 6). São considerados paralelos e perpendiculares ao declive para retardar o escoamento e a erosão do solo. São também deixados sulcos entre eles para permitir o escoamento da água. Os montes em linha são também separados por sulcos maiores para recolher a água das chuvas fortes. Em caso de precipitação excecional, estes sulcos favorecem o escoamento e uma maior erosão.

Os sistemas de cultivo nos montes são associativos. O feijão-frade, o sorgo e o milho são cultivados no cimo dos montes.

Fotografia 7 Montes lineares que suportam uma associação de culturas

- Adaptação ao início escalonado da estação das chuvas

Os agricultores estão conscientes da imprevisibilidade das chuvas e, com base na observação dos indicadores naturais, arriscam-se a semear cedo, logo que as primeiras chuvas são consideradas úteis. Durante a nossa visita, na segunda quinzena de julho, deparámo-nos com campos de milho a amadurecer. A grande maioria estava localizada em zonas baixas que recolhem as águas de escorrência e onde o solo é rico.

Em quase todos os casos, os campos estão em estado de levantamento, como mostram as fotos 5 a 7. Existem duas situações diferentes. Perto do rio Mouhoun, onde os declives são mais baixos e os campos são mais numerosos e ocupam grandes superfícies, os campos de cabanas estão quase todos semeados. Os campos mais afastados, nomeadamente as clareiras, continuaram a ser semeados.

Na parte oriental, foram semeados os campos mais distantes. Os campos de cabanas em todas as localidades visitadas estavam invadidos por ervas daninhas. Os agricultores utilizam herbicidas para os secar antes de os lavrar. Durante a visita, estes campos ainda não tinham sido semeados.

- Arboricultura

A visita incluiu uma série de pomares de cajueiros. De acordo com o responsável pelo ambiente, estes pomares foram plantados de forma tradicional, sem qualquer apoio do seu departamento. Como resultado, os cajueiros não são da espécie correta e produzem muito pouco. O espaçamento e um certo número de recomendações não foram tidos em conta.

Fotografia 8 Pomar de cajueiros

Os proprietários não os aproveitam. Estes pomares pouco rentáveis não são mantidos. Esta situação deve-se, entre outros factores, a deficiências na gestão agrícola, na

4. Constrangimentos encontrados

Estas observações no terreno revelam os condicionalismos com que se depara este tipo de agricultura. Trata-se, nomeadamente, de deficiências do controlo agrícola e das capacidades dos produtores, da exiguidade dos mercados e do financiamento rural e da concorrência do garimpo.

4.1.   Má supervisão agrícola

Em julho de 2024, os serviços técnicos do Estado presentes em Gbomblora eram serviços departamentais:

- Ambiente, água e saneamento: trata-se essencialmente de agentes florestais que assistem as populações locais na exploração dos recursos naturais, como a madeira e os produtos florestais não lenhosos, incluindo os recursos de pesca e de caça. São igualmente temidos pelas coimas aplicadas aos autores de fraudes. Os produtos da caça e da recolha são sistematicamente escondidos para evitar que sejam convocados para o gabinete. O material utilizado também pode ser apreendido.

- Agricultura, recursos animais e pesca: estava disponível um agente de recursos animais, mais preocupado com o controlo da carne nos dois mercados. Um outro agente agrícola cobre a comuna rural de Gbomblora, mas está afetado à comuna de Gaoua, onde reside. São responsáveis, cada um na sua área, pelo controlo dos produtores agrícolas para que estes possam melhorar os seus sistemas de produção.

- Delegação especial resultante da dissolução do conselho municipal: o agente encarregado do serviço fundiário rural (SFR) para assegurar a entrega dos certificados de propriedade fundiária a pedido das famílias.

Estes técnicos tinham de se deslocar pelo terreno e, por vezes, dar conselhos técnicos sobre as questões colocadas. Mas só os técnicos do ambiente e dos recursos animais dispunham de motas de serviço em bom estado. O agente agrícola veio com a sua própria mota, que não é muito adequada para esta zona, com as suas más estradas e declives acentuados. O agente da SFR utilizou a mota da Câmara Municipal, que era utilizada para outras tarefas.

Não dispõem de combustível suficiente para poderem visitar todas as aldeias e reforçar as capacidades dos produtores. Por isso, o seu trabalho depende do financiamento que recebem dos projectos e das organizações da sociedade civil que lhes pedem apoio. Por conseguinte, o seu envolvimento com os agricultores é muito reduzido.

Esta situação é agravada pelo mau estado das estradas e pela inacessibilidade de algumas aldeias (Compaore et al., 2023; Pouliot et al., 2016). Devido à chuva intensa, uma primeira marcação não pôde ser efectuada. A água tinha ocupado uma grande parte do leito principal do rio e foi necessário atravessar o rio e caminhar até às aldeias de Doudou-Birifor e Boukantié. No segundo encontro, caiu outra chuva forte quando já estávamos na aldeia. Os aldeões ajudaram-nos indicando as partes mais a montante para que pudéssemos atravessar o rio mais facilmente.

Os agentes são em número insuficiente e dispõem de meios de transporte, mas carecem de combustível e de recursos financeiros para se deslocarem às aldeias e fiscalizarem corretamente os agricultores. O mau estado das estradas constitui igualmente um obstáculo importante ao controlo. Esta deficiência no controlo dos produtores é agravada pela exiguidade dos mercados.

4.2. Mercados em crise e finanças locais

Existem apenas dois grandes mercados na comuna rural de Gbomblora. A cidade principal da comuna não tem nenhum. O primeiro mercado situa-se em Doudou, a menos de 20 km de Gaoua, a capital provincial de Poni e da região sudoeste. É servido pela estrada nacional que liga Gaoua a Kpéré e depois à Costa do Marfim. Quando a visitámos, a estrada estava a ser pavimentada. Havia muitos desvios, feitos para construir as estruturas de travessia. Muitos comerciantes, principalmente de Gaoua, vêm aqui para vender produtos manufacturados e comprar produtos agrícolas para revenda na cidade de Gaoua.

Mais a sul, depois da cidade principal, uma bifurcação conduz ao mercado de Tobo. Esta estrada é transitável em todas as estações, mas tem alguns ressaltos e lombas que tornam o trânsito mais lento. Estes dois mercados internos são frequentados por agricultores que aqui vêm vender os seus produtos e comprar produtos nos mercados maiores de Gaoua, Legmoin e Batié.

Para desenvolver as suas actividades de produção agrícola, os agricultores ainda não dispõem de uma instituição de microfinanciamento na comuna. Isto significa que o acesso ao crédito é muito fraco. Isto reflecte-se no baixo nível de intensificação agrícola. A maior parte do equipamento agrícola é ainda rudimentar. O rendimento da venda dos produtos agrícolas dificilmente permite a compra de meios de produção mais modernos. Apesar da boa fertilidade dos solos, os rendimentos agrícolas continuam a ser globalmente baixos. Este tipo de agricultura também utiliza poucos factores de produção agrícola. Poucos campos são enriquecidos com fertilizantes minerais. O gado produz resíduos que são espalhados nos campos para melhorar a sua fertilidade e obter rendimentos muito mais elevados.

A mobilização da poupança local é também mínima. Os poucos agricultores que efectuam transacções financeiras são obrigados a deslocar-se aos grandes centros de Gaoua, onde existem instituições bancárias e microfinanceiras.

Os agricultores da comuna rural de Gbomblora continuam globalmente pobres. Esta pobreza é ainda mais acentuada nas aldeias de difícil acesso. Toda a aldeia de Boukantié, segundo os habitantes, tinha apenas algumas motas, incluindo a do delegado da aldeia. Assim, todos os habitantes se deslocam a pé. No entanto, a prospeção de ouro está muito difundida na parte ocidental da comuna.

4.3. Papel predominante da garimpagem de ouro

Um dos traços mais marcantes da paisagem da comuna rural de Gbomblora é a existência de garimpos de ouro, como o atestam os numerosos buracos deixados pelo garimpo. Toda a parte ocidental montanhosa da comuna alberga numerosos sítios de garimpo. Durante a estação das chuvas, estes sítios são fechados para evitar o risco de acidentes e de perda de vidas humanas (CILSS, 2012; MJE, 2007; Palé, 2020).

Estas colinas estão salpicadas de buracos de garimpo de ouro, que estão bastante encharcados e inexplorados. Estes furos são frequentemente poluídos pela utilização não controlada de cianeto (Burkina Faso, 2013; PNUA, 2008; Yaméogo, 2015). É por isso que constituem vastos campos impróprios para a agricultura.

O garimpo de ouro é uma atividade mais rentável, que atrai pessoas de todo o Burkina e mesmo da sub-região da África Ocidental. Jovens corajosos abandonam a agricultura na esperança de um futuro melhor. Esta atividade leva também ao abandono da escola. Em alguns dos locais mais importantes, são criadas actividades económicas como a venda de bebidas, muitas vezes proibidas, de drogas, etc. Estes locais são também propícios à prostituição.

Fotografia 9 Buracos deixados pela garimpagem de ouro

A extração de ouro está a privar a agricultura da sua força de trabalho. O afluxo de pessoas de outros locais aumenta a procura de bens de primeira necessidade. Em consequência, os preços estão a subir e muitas pessoas têm dificuldade em pagar três refeições por dia nos locais de exploração do ouro. Em Batié, como disse um vendedor de carne de porco, tudo é caro. Este facto foi confirmado por um agente ambiental, que disse que os galos eram vendidos por cerca de seis mil (6.000) francos CFA. Mas que papel desempenha a agricultura no planeamento do desenvolvimento local?

4.4. A agricultura no planeamento do desenvolvimento local

Em 2024, o projeto de gestão sustentável das paisagens comunais para o REDD+ optou por formular um plano de desenvolvimento comunal integrado para o REDD+ (PDIC/REDD+) para a comuna de Gbomblora. Este plano centra-se essencialmente na redução das emissões resultantes da degradação e da desflorestação. O sequestro de carbono e, em menor grau, a adaptação são os objectivos pretendidos. Três áreas de conservação foram escolhidas pela população local, que se comprometeu a não realizar quaisquer actividades agrícolas nessas áreas. Estas zonas serão protegidas por sebes ou corta-fogos e enriquecidas pela plantação de espécies vegetais locais e úteis. Foram iniciadas actividades adicionais, incluindo a construção de várias instalações, tais como parques de vacinação, caminhos para o gado, hortas, zonas de cultivo de arroz, etc., para minimizar a pressão humana sobre estas áreas de conservação e garantir a sua sustentabilidade. As actividades de reforço das capacidades destinam-se a melhorar a gestão destas infra-estruturas.

As actividades estritamente agrícolas são retiradas para dar lugar ao sequestro de carbono e à gestão dos impactos ambientais e sociais. Com o tempo, a quantidade de gases com efeito de estufa sequestrados pode ser quantificada e vendida nos mercados de carbono. Isto gerará um rendimento adicional para as comunidades locais.

Este PDIC/REDD+ será implementado com um financiamento inicial de dois anos e um financiamento adicional de um ano. No início, foi implementado um plano de desenvolvimento municipal para 2015-2019. Este plano centrava-se igualmente nas realizações físicas, relegando para segundo plano as actividades de reforço técnico e de gestão. O objetivo 6 visava aumentar a produção de cereais e de hortas, com a construção de reservatórios de água e de instalações. O objetivo 7 visava igualmente aumentar a produção animal através da criação de zonas pastoris e de parques de vacinação.

O objetivo destes projectos era fornecer às comunidades meios de produção que não estão disponíveis nas explorações agrícolas e nas famílias de agricultores. No entanto, a agricultura é familiar e não existe uma exploração agrícola comunitária. A economia de mercado desmantelou rapidamente as poucas explorações agrícolas que existiam. Foram criados agregados familiares, seguidos da atribuição de terras para a agricultura. No entanto, todo o planeamento do desenvolvimento local em Gbomblora se baseou nas realizações da comunidade. Isto satisfazia as necessidades dos políticos, especialmente dos conselheiros políticos. Estes podem gabar-se de que tais realizações foram conseguidas sob o seu controlo. Uma forma de este político atrair a simpatia dos eleitores e os seus votos nas eleições locais.

4.5. A região Sudoeste nos programas de desenvolvimento agrícola

Foram utilizados dois diretórios de programas, os de 2020 e 2023.

4.5.1. Diretório dos programas de 2020

Estão em curso vários programas de âmbito nacional na região do Sudoeste. A grande maioria destes projectos envolve trabalhos de construção. Envolvem o desenvolvimento da água, a mecanização através da aquisição de equipamento agrícola e de infra-estruturas. Alguns deles centram-se no desenvolvimento de sectores, na garantia da posse da terra e na gestão de conflitos conexos, bem como no reforço das capacidades dos agricultores e dos gestores.

O Programa de Intensificação da Produção Agrícola, financiado a nível nacional, fornece aos agricultores sementes melhoradas para aumentar os rendimentos e garantir a segurança alimentar. O programa abrange as culturas de sequeiro e as culturas fora de época. Uma das componentes do programa reforça a capacidade de gestão através do pagamento de agentes.

É através destes programas que as motas são adquiridas e postas à disposição dos agentes das unidades de apoio técnico para facilitar a sua deslocação e acompanhamento no terreno. As regiões que beneficiam da intervenção de vários programas são as mais privilegiadas e os seus agentes têm a oportunidade de ver rapidamente renovado o seu meio de transporte.

Para além dos programas nacionais, em 2020, o Sudoeste beneficiou de apenas três programas: o Programa de Irrigação no Grande Oeste (PIGO), que foi implementado nas quatro (4) províncias.

4.5.1.1. *Programa de irrigação no Grand-Ouest*

Na estrada principal que liga Gaoua a Batié, as zonas baixas são utilizadas para a cultura do arroz. Na estrada que conduz a Dalampour, algumas destas instalações estão deterioradas. O objetivo é melhorar a segurança alimentar e aumentar os rendimentos agrícolas das populações. O DPA prevê a realização de vários projectos, incluindo trabalhos de ordenamento, construção de armazéns e unidades de transformação, eiras e estruturas de passagem. Os resultados esperados são os seguintes

- Estão a ser desenvolvidos e explorados 2.000 ha de áreas de cultivo de arroz de planície;

- Foram desenvolvidos e utilizados 40 ha de áreas de hortas comerciais;

- Foram construídos e equipados 80 armazéns para a armazenagem e conservação de produtos agrícolas;

- Foram construídas e desenvolvidas 5 unidades de transformação de produtos agrícolas;

- 40 zonas de debulha-secagem/ toldos construídos e utilizados ;

- Foram construídas estruturas de travessia para abrir certas zonas com planícies desenvolvidas;

- pelo menos 10 000 agentes do sector são formados em diversos domínios (gestão das instalações, técnicas de produção, apoio financeiro, etc.).

Estas realizações são muito úteis porque fornecem aos produtores agrícolas meios de produção que estão para além das suas possibilidades.

4.5.1.2. *Programa de Desenvolvimento Agrícola*

O Programa de Desenvolvimento Agrícola, implementado pela GIZ, a agência alemã de cooperação para o desenvolvimento. O Sudoeste é uma das regiões privilegiadas para a intervenção da GIZ, que instalou um gabinete regional em Gaoua. O PDA tem por objetivo melhorar os resultados agrícolas das empresas de transformação e de comercialização muito pequenas, pequenas e médias nos sectores do arroz e da mandioca. Os resultados esperados são os seguintes

- Foram melhoradas as condições de enquadramento para melhorar o desempenho das explorações agrícolas e das PME-PEV nos sectores do arroz e da mandioca;

- As capacidades agrícolas das empresas de muito pequena dimensão são reforçadas para lhes permitir aplicar o seu modelo empresarial;

- a oferta de serviços foi alargada nos sectores do arroz e da mandioca.

As culturas alimentares, que representam a quase totalidade das terras cultivadas, não são abrangidas pelo âmbito de aplicação da PDA.

4.5.1.3. *Programa de apoio aos sectores agrícolas das regiões Sudoeste, Hauts-Bassins, Cascades e Boucle du Mouhoun*

O objetivo do programa era melhorar de forma sustentável a segurança alimentar e os rendimentos dos agricultores envolvidos na produção e comercialização de produtos nos sectores do arroz, da horticultura comercial, do gergelim e do feijão-frade. O programa visava alcançar os seguintes resultados

- É promovido o acesso a factores de produção, equipamento e apoio/aconselhamento;

- 3 000 ha de terras baixas são desenvolvidos ou reabilitados;

- Foram desenvolvidos 500 ha de pequenas áreas de hortas comerciais;

- Foram concluídos 300 ha de desenvolvimento de hortas comerciais utilizando tecnologias de irrigação que permitem poupar água;

- Foram construídos 100 km de vias de acesso ao local

O desenvolvimento de infra-estruturas também desempenha um papel fundamental neste programa. Inclui vias rurais para melhorar a mobilidade e o acesso aos mercados para as actividades comerciais.

Nestes três projectos, que abrangem a região sudoeste, são promovidas culturas de rendimento como o arroz e a mandioca, bem como culturas hortícolas. As obras físicas previstas são factores favoráveis à expansão destas culturas de rendimento. O desenvolvimento urbano é um mercado importante para estas culturas.

4.5.2. Diretório dos projectos de 2023

Em 2023, a situação de segurança levou à elaboração de um plano de ação para a estabilidade e o desenvolvimento. Todos os programas devem estar alinhados com os objectivos do plano. Foi criado um novo diretório. Qual é a posição da região Sudoeste neste novo plano, que complementa o segundo plano nacional de desenvolvimento económico e social?

4.5.2.1. Programa de apoio aos sectores agrícolas das regiões Sudoeste, Hauts-Bassins, Cascades e Boucle du Mouhoun

O programa continuou a ser executado com os mesmos objectivos e resultados esperados.

4.5.2.2. Projeto destinado a melhorar a mobilidade do gado e os rendimentos dos agro-pecuaristas através da utilização da telefonia móvel e de imagens de satélite. Componente de infra-estruturas pastoris

O objetivo geral é melhorar a produtividade, o rendimento, a resiliência e a segurança alimentar das populações pastoris e agro-pastoris num contexto de alterações climáticas e de crises de segurança. Os principais resultados esperados são

- Até 2023, o acesso a aconselhamento, insumos e recursos financeiros terá aumentado em 15% para 450.000 criadores de gado, pastores e agricultores nas regiões de intervenção. Graças à informação fiável e atempada partilhada através do serviço de apoio à mobilidade, ao aconselhamento sobre as operações agro-pastoris, à facilidade de encomenda de factores de produção e ao acesso a produtos financeiros adequados (poupanças e empréstimos), os pastores e os agricultores estarão em melhores condições para tomar decisões informadas e investir nos recursos produtivos das operações agro-pastoris.

- Até 2023, os rendimentos e a produtividade animal e agrícola serão melhorados em 10% para 450 000 criadores de gado, pastores e agricultores nas regiões de intervenção. Graças a um melhor acesso à informação, ao aconselhamento, aos factores de produção e aos mercados, a produtividade animal e agrícola aumentará, assim como os rendimentos. A obtenção deste resultado contribuirá diretamente para o plano plurianual da Embaixada do Reino dos Países Baixos, nomeadamente para os indicadores relativos à segurança alimentar e nutricional.

- Em 2023, o modelo de negócio da solução GARBAL é viável de modo a atingir o equilíbrio financeiro. A sua viabilidade institucional é definida no âmbito de um acordo de parceria público-privada.

Este programa terminou em 31 de dezembro de 2023.

4.5.2.3.   Projeto para melhorar a situação nutricional através da agricultura

O objetivo deste projeto é melhorar a situação alimentar e nutricional através de uma mudança de comportamento nas regiões-alvo, incluindo o Sudoeste. Os resultados esperados são :

- estão a ser realizados três (03) estudos relacionados com a agricultura orientada para o mercado, a nutrição e as cantinas escolares;

- a abordagem SHEP é implementada (200 agentes do MAAHM STD são formados na abordagem SHEP, 1900 produtores são formados na abordagem SHEP, 57 kits de equipamento agrícola são disponibilizados aos produtores formados na abordagem SHEP, 38 organizações agrícolas profissionais são registadas, 19 parcelas educativas são criadas);

- As actividades destinadas a melhorar a nutrição a nível comunitário estão a ser intensificadas (3 360 kg de insumos nutricionais estão a ser disponibilizados aos CSPS, 850 mulheres estão a receber núcleos de pequenos ruminantes, 950 mulheres estão a receber formação em técnicas de transformação/preservação e armazenamento, 19 kits de transformação estão a ser disponibilizados às mulheres, 950 mulheres estão a receber formação em boas práticas alimentares e nutricionais, 800 pessoas dos agregados familiares estão a receber formação em WASH, 36 GASPAs e 19 escolas de maridos estão a ser criadas);

- intensificação das actividades ligadas às cantinas escolares (apoio a 19 hortas escolares, reabilitação de 19 cozinhas, 19 lojas, 19 casas de banho e 19 furos de água, formação em WASH de 171 agentes educativos e 38 trabalhadores das cantinas, formação de 420 alunos em técnicas de produção de adubo orgânico, equipamento de 19 escolas com kits de cozinha e de jardinagem e instalações de lavagem das mãos, disponibilização de 640 plantas de elevado valor nutritivo para as hortas escolares).

4.5.2.4. Projeto 2 do programa de reforço da capacidade de resistência contra a insegurança alimentar e nutricional no Sahel

O objetivo geral é melhorar as condições de vida e a segurança alimentar e nutricional das populações do Sahel. Os resultados esperados são

- Aumento da produção agrícola (vegetal/animal/pesca) de (83.000/68.000/15.000) para (135.000/86.400/20.000) ;

- Aumento do rendimento per capita (homem/mulher): (RNB/capita) de 906 dólares americanos para 945 dólares americanos;

- Número de empregos criados na zona do projeto (% mulheres) a 60% ;

- Número de beneficiários (produtores/criadores/pescadores que adoptaram práticas de resiliência às alterações climáticas sensíveis ao género) (% mulheres) para 80 000, com 50% de mulheres.

4.5.2.5. Projeto de irrigação em pequena escala nas regiões do Grande Oeste e do Leste

Numa segunda fase, o projeto de irrigação no Grande Oeste foi alargado à região oriental. O seu objetivo geral é melhorar as condições de vida e a resiliência das populações rurais, reforçando a sua segurança alimentar através do aumento da produção e dos rendimentos, num ambiente preservado. Os objectivos são os seguintes

- As infra-estruturas de planície, as hortas/áreas irrigadas e as estradas de acesso estão a ser construídas num ambiente natural que foi preservado para uma utilização eficiente e sustentável;

- Foram criadas infra-estruturas para fornecer factores de produção, transformar e armazenar produtos agrícolas, acrescentar valor aos produtos e permitir o acesso aos mercados;

- As infra-estruturas construídas/reabilitadas são utilizadas a longo prazo e mantidas pelos beneficiários e respectivas organizações com o apoio das autoridades locais e dos serviços técnicos;

- Os pequenos produtores gerem a água de forma adequada e intensificam a produção nas terras baixas e nas zonas de hortas e de regadio;

- As famílias beneficiárias transformam e comercializam parte da sua colheita de arroz.

4.5.2.6. *Programa de desenvolvimento agrícola, módulo 2022-2025*

O objetivo geral é alcançar a segurança alimentar e reduzir a pobreza entre a população através da intensificação, transformação e comercialização da produção agrícola na área do programa.

- a adoção de pelo menos quatro (04) das dez (10) práticas recomendadas para uma produção agro-ecológica e respeitadora do ambiente por 10 333 explorações agrícolas (3 875 geridas por mulheres, 3 100 por jovens) e 1033 empresas de transformação (930 geridas por mulheres, 310 por jovens) nos sectores da mandioca, do arroz e da soja;

- Uma melhoria de 20% do rendimento por hectare nas explorações dos 15 500 produtores apoiados, 25% dos quais são geridos por mulheres e 20% por jovens, em comparação com o rendimento dos produtores não apoiados;

- uma melhoria de 20% no rendimento médio de 17 050 produtores agrícolas apoiados e de 1 550 PME de transformação;

- a criação de 630 postos de trabalho permanentes adicionais em 1550 PME de transformação nos AEC apoiados, incluindo 350 para mulheres e 150 para jovens.

- a adoção de 8 das 20 práticas alimentares e de higiene recomendadas por 1800 pessoas das 3000 formadas, 80% das quais eram mulheres.

Os resultados deste programa são desagregados em função do género.

O número de projectos na região Sudoeste aumentou de três (3) para seis (6). Dois (2) destes três (3) projectos foram renovados. Na prática, estes projectos raramente cobrem a totalidade da região. Os resultados obtidos não permitem precisar quais as comunas abrangidas por cada um destes projectos.

Mas todos os projectos querem ter um impacto significativo e visível. É por isso que optam por trabalhar em áreas mais pequenas.

As questões abordadas dizem respeito à segurança alimentar e nutricional. Os sectores são os que atraem mais atenção. Os constrangimentos no início da campanha agrícola e as culturas alimentares não são especificamente mencionados. Por conseguinte, os projectos e programas realizados dão poucas respostas. Como já foi referido, o planeamento do desenvolvimento local também não os aborda. No caso das aldeias visitadas na comuna de Gbomblora, os produtores agrícolas parecem estar entregues a si próprios.

Conclusão

Após os planos de gestão das aldeias, foram implementados vários planos comunais. Mas o desenvolvimento local é claramente lento a arrancar. No entanto, o potencial agrícola desta comuna de Gbomblora é real. Esta é a parte do Burkina Faso onde a precipitação se distribui por seis (6) anos ou mais, com uma média de mais de 1000 mm por ano. Os solos são ricos, sobretudo na parte ocidental. Um estudante, que nos acompanhou na identificação dos locais onde os projectos seriam realizados, disse que os solos em Sanwara-Tinkiro são muito ricos e não precisam de qualquer alteração especial para produzirem rendimentos elevados. Mas os agricultores carecem de recursos e de conhecimentos modernos para explorar este elevado potencial.

Os agricultores começam por utilizar o seu saber-fazer local, incluindo o escalonamento dos camalhões, o desbravamento tradicional e a sementeira escalonada, para garantir que a produção agrícola se concentra principalmente na satisfação das necessidades alimentares da exploração ou do agregado familiar (Somda et al., 2014). A primeira hipótese é assim confirmada.

Para que isso aconteça, o planeamento do desenvolvimento local precisa de colocar a agricultura familiar no lugar da comunidade (Camilla Toulmin, 2003; Dugu et al., 2012; IED, 2014). Isso permitirá que o município e seus conselheiros adquiram instituições de microfinanças e bancos capazes de formá-los em itinerários técnicos que incorporem suas necessidades e conhecimentos locais. As sementes melhoradas serão, por conseguinte, necessárias para aumentar significativamente os rendimentos agrícolas. A promoção de sementes melhoradas para cobrir as necessidades permitirá um acesso mais seguro e evitará esperar pelas dotações governamentais, que não são feitas no momento certo.

Serão criadas parcerias inovadoras que sirvam de garantia para a concessão de crédito suficiente para relançar uma atividade agrícola rentável, nomeadamente para os mais vulneráveis, ou seja, os jovens e as mulheres. Trata-se de organizações da sociedade civil activas no desenvolvimento local e que dependem de ajudas específicas para desenvolver os recursos de produção agrícola.

Outro fator a ter em conta são as alterações climáticas, que também se fazem sentir nesta comuna, tal como no Burkina Faso e na África Ocidental (IPCC, 2021). As actividades agrícolas são muito vulneráveis às alterações climáticas, pelo que a diversificação é uma necessidade (Bonkoungou, 2015). A diversificação para outras actividades igualmente vulneráveis às alterações climáticas deve ser evitada. A agricultura inteligente face ao clima é uma boa alternativa (Bayala et al., 2018; Hesse et al., 2013; Hochet et al., 2012; Simpson, 2016).. É necessário construir estradas para abrir as aldeias mais a oeste.

Os agricultores também utilizam meios de produção modernos. Estes incluem a utilização de herbicidas e pesticidas. Sem a necessária capacidade financeira e técnica, estas técnicas modernas de produção estão a ser cada vez mais adaptadas. Mas esta adaptação está a causar enormes riscos para a saúde devido à falta de proteção (Congo, 2013; Gomgnimbou et al., 2010; Zan et al., 2023a, 2023b). A arboricultura, que está a tornar-se cada vez mais popular, é uma destas novas tecnologias de produção. Mas as recomendações são pouco seguidas e os rendimentos estão abaixo das expectativas dos serviços técnicos. Este facto confirma igualmente a primeira hipótese.

O sector da agricultura de sequeiro no sudoeste do Burkina Faso é afetado por um certo número de constrangimentos. O Sudoeste não é uma região favorecida pela implementação de programas. Quando existe financiamento, este é direcionado para melhorias físicas que são frequentemente úteis mas que estão fora do alcance dos agricultores pobres. As culturas de rendimento, como o arroz e a mandioca, atraem mais financiamentos do que as culturas alimentares.

Por conseguinte, existe uma certa desconexão entre as práticas agrícolas utilizadas e os programas e projectos executados. Por conseguinte, os rendimentos agrícolas são baixos, apesar do facto de a região ser muito rica em terras.

A segunda hipótese, que estipula que os agricultores estão a encontrar enormes dificuldades durante o início da estação de crescimento, também foi verificada. Há que encontrar soluções para que esta região, com um potencial muito elevado, possa desenvolver uma agricultura moderna. Os mercados, que eram apenas dois aquando da nossa visita, precisam de ser desenvolvidos. Caminhos rurais praticáveis poderão facilitar estas trocas.

Esta será uma boa oportunidade para pôr em prática uma agricultura inteligente do ponto de vista climático, uma agricultura agro-ecológica que respeite o ambiente e seja sustentável para as gerações futuras. As autoridades locais terão a difícil tarefa de mudar o seu paradigma para colocar os interesses dos seus eleitores, os agricultores, no centro das suas acções.

Referências

AGRECO. (2006). *"Perfil Ambiental do Burkina Faso"*. http://ec.europa.eu/development/icenter/repository/burkina_faso_CEP_2006.pdf

Baiou, R. (2008). África e as alterações climáticas. In *Changements climatiques: impacts, adaptation, mitigation* (p. 71).

Bayala, J., Dayamba, D. S., Ky-Dembele, C., Savadogo, P., & Arinloye, A. D. (2018). *Manual de extensão de agricultura inteligente para o clima. Manual técnico.* https://apps.worldagroforestry.org/downloads/Publications/PDFS/2018037.pdf

Bonkoungou, J. (2007). *Zoning des potentialités agricoles du bassin versant pilote du Zondoma, Burkina Faso* (Issue 226). Centro Regional AGRHYMET, Niamey, Níger.

Bonkoungou, J. (2015). *Variabilidade climática, mudança e vulnerabilidade das populações no Burkina Faso*. Universidade Abdou Moumouni.

Burkina Faso. (2013). *Política Nacional de Desenvolvimento Sustentável do Burkina Faso.* http://www.environnement.gov.bf/files/PNDD_Version_finale_du_17__10__2013.pdf

Camilla Toulmin, B. G. (2003). Transformações na agricultura da África Ocidental e o papel das explorações familiares. *Desenvolvimento, 123*(1), 106.

CILSS. (2012). *Boas práticas agro-silvo-pastoris para a melhoria sustentável da fertilidade do solo no Burkina Faso.*

Compaore, J., Bonkoungou, J., & Kiemdé, S. (2023). Effects of Communication for Better Vegetable Production in Burkina Faso: Case of the Agricultural Plain of Mogtedo in the Province of Ganzourgou in the Central Plateau Region. *EJFOOD, 5*(5), 5-11.

Congo, A. K. (2013). *Riscos para a saúde associados à utilização de pesticidas em torno de pequenas albufeiras: o caso da barragem do Lombila* [2iE]. http://documentation.2ie-edu.org/cdi2ie/opac_css/doc_num.php?explnum_id=1825

Convenção-Quadro das Nações Unidas sobre Alterações Climáticas. (2015). Acordo de Paris. In *21.ª Conferência das Partes.* https://doi.org/10.1016/j.cub.2017.03.006

Diallo, B. (2010). *Perceptions endogènes, analyses agroclimatiques et stratégies d'adaptation aux variabilités et changements climatiques des populations dans trois zones climatiques du Burkina Faso* (Issue 226) [Centre Régional AGRHYMET, Niamey, Niger]. http://hdl.handle.net/10625/45775

Dugu, P., Autfray, P., Djamen, P., Girard, P., Olina, J., Ouedraogo, S., & Vall, E. (2012). L ' agroécologie pour l'agriculture familiale dans les pays du Sud: impasse ou voie d'avenir? Le cas des zones de savane cotonnière de l'Afrique de l'Ouest et du Centre. In *Cirad*.

IPCC. (2014). *Alterações climáticas 2014. Mitigação das alterações climáticas. Resumo para os decisores políticos.*

IPCC. (2021). *Climate Change 2021 The Physical Science Basis [Alterações climáticas 2021: a base da ciência física].* https://www.ipcc.ch/report/ar6/wg1/downloads/report/IPCC_AR6_WG1_SPM_French. pdf

Gomgnimbou, A. P. K. G., Nianogo, A. J., & Millogo-Rasolodimby, J. (2010). De la logique d'occupation spatiale à l'émergence des risques environnementaux dans la zone sud-Soudanienne du Burkina Faso: cas de l'interaction entre le coton et l'élevage. *Innovation et Développement Durable Dans l'agriculture et l'agroalimentaire*, 10.

Hauchart, V. (2007). *Sustentabilidade das práticas de cultivo na bacia hidrográfica do norte de Volta* (Edição 2).

Hesse, B. C., Anderson, S., Cotula, L., Skinner, J., & Toulmin, C. (2013). *Building climate resilience in the Sahel* (Edição de julho). IIED. http://pubs.iied.org/pdfs/G03650.pdf

Hochet, P., Norbert, C., & Ehess, E. (2012). Descrever as políticas de combate à desertificação em termos de governação fundiária. Um estudo de caso do Burkina Faso ocidental. *Sécheresse, 23*, 196-201. https://doi.org/10.1684/sec2012.0346

IED. (2014). A agricultura familiar e a luta contra a pobreza. *AGRIPADE, 30*(2), 36.

Kambiré, G. (2023). *Dinâmica dos riscos hidro-climáticos e estratégias de adaptação endógenas na comuna de Nako, Burkina Faso.*

MJE. (2007). *Estudo sobre os sectores portadores de emprego, região do Norte, Burkina Faso.*

Naqvi, S. M. K., & Sejian, V. (2011). Global climate change: role of livestock (Alterações climáticas globais: papel do gado). *Jornal Asiático de Ciências Agrícolas*, *3*(1), 19-25.

Ouédraogo, I., Bonkoungou, J., & Yanogo, I. P. (2022). Agricultura inteligente em termos climáticos num contexto de alterações e variabilidade climáticas na África Subsariana. *Djiboul*, *3*(004), 500-515. https://medium.com/@arifwicaksanaa/pengertian-use-case-a7e576e1b6bf

Palé, S. (2020). *Morfohidrologia da bacia hidrográfica de Poni (Sudoeste do Burkina Faso)*. Joseph Ki-Zerbo.

Pouliot, M., Ouédraogo, B., Smith-Hall, C., & Simonsen, H. (2016). *Estudos ao nível dos agregados familiares sobre florestas e pobreza no Burkina Faso: Informação contextual, métodos e resultados preliminares* (Edição 47).

Simpson, B. M. (2016). *Preparar as famílias de pequenos agricultores para se adaptarem às alterações climáticas. Guia de bolso n.º 1. Prática de extensão para adaptação agrícola.*

Slimane, A. Ben (2008). *Vulnerabilidade da agricultura de sequeiro na Bacia do Volta: análise do impacto da variabilidade da precipitação e do risco de seca no rendimento e na gestão das explorações agrícolas* (Edição 13). IRD.

Somda, J., Issa, S., Moumini, S., Moussa, A. S., Goama, N., Josias, S., Silimana, B., Oumou, S. A., & Some, L. (2014). *Análise participativa da vulnerabilidade e planeamento da adaptação às alterações climáticas em Yatenga, Burkina Faso* (No. 64). www.ccafs.cgiar.org

Sultan, B., Alhassane, A., Barbier, B., Baron, C., Tsogo, M. B., Berg, A., Dingkuhn, M., Fortilus, J., Kouressy, M., Leblois, A., Marteau, R., Muller, B., Oettli, P., Quirion, P., Roudier, P., & Traoré, S. B. (2012). A questão da vulnerabilidade e da adaptação da agricultura do Sahel ao clima no âmbito do programa AMMA. Em *La météorologie, Spécial AMMA* (pp. 64-72).

Tientiga, G. O., Zoundi, M., & Bonkungou, J. (2024). Impacts environnementaux et socio-économiques des Bassins de Collecte des Eaux de Ruissellement (BCER) Ecologiques , en irrigation d ' appoint : Cas de la zone d ' intervention du Projet BEOG PUUTO [Environmental and socio-economic impacts of ecologica. *Revista Internacional de Inovação e Estudos Aplicados*, *43*(2), 513-541.

UE-UA. (2008) *Reforçar o crescimento económico e reduzir a pobreza: uma perspetiva africana.*

PNUA. (2008). *África, atlas de um ambiente em mudança.*

UNFCCC. (2021). *Contribuições determinadas a nível nacional no âmbito do Acordo de Paris Relatório de síntese do secretariado.* http://unfccc.int/resource/docs/2009/cop15/eng/11a01.pdf

Nações Unidas - Redução das Emissões resultantes da Desflorestação e da Degradação das Florestas (UN-REDD). (2015). *Desenvolvimento de uma economia verde em África: porque é que as florestas são importantes.*

Yaméogo, A. (2015). *Impactos da garimpagem de ouro na vegetação e nos solos de Perkoa, província de Sanguié.* Ouagadougou.

Zan, A., Bonkoungou, J., Compaore, J., Sawadogo, B., & Kopola, R. (2023a). Impacto das alterações climáticas na produção pecuária de ruminantes na bacia hidrográfica do Lago Bam no Burkina Faso. Em M. Waziri Mato (Ed.), *Défis et perspectives de développement au Sahel : dynamiques environnementale, sociale et économique, conjonctures géopolitiques, crises sécuritaires et sanitaires* (pp. 201-210).

Zan, A., Bonkoungou, J., Compaore, J., Sawadogo, B., & Kopola, R. (2023b). Impacto das alterações climáticas na produção pecuária de ruminantes na bacia hidrográfica do Lago Bam no Burkina Faso. *ACTES DU COLLOQUE HOMMAGES, TEMOIGNAGES ET RECONNAISSANCES AU Pr Tanga Pierre ZOUNGRANA, 3*, 201-210.

I want morebooks!

Buy your books fast and straightforward online - at one of world's fastest growing online book stores! Environmentally sound due to Print-on-Demand technologies.

Buy your books online at
www.morebooks.shop

Compre os seus livros mais rápido e diretamente na internet, em uma das livrarias on-line com o maior crescimento no mundo! Produção que protege o meio ambiente através das tecnologias de impressão sob demanda.

Compre os seus livros on-line em
www.morebooks.shop

Printed by Books on Demand GmbH, Norderstedt / Germany